ÉTUDE CHIMIQUE DES VINS

ET DES DIVERS PRODUITS FORMÉS PENDANT
LA VINIFICATION.

TRAVAUX PUBLIÉS PAR M. ULYSSE ROY, PHARMACIEN

A POITIERS.

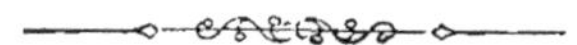

1° Mémoire sur le Baume de copahu, avec un nouveau procédé capsulaire pour l'administrer, 1849. Voir l'ouvrage de thérapeutique de M. Trousseau, t. 2, p. 631.

2° Travail pharmaceutico-chimique, avec observations thérapeutiques sur l'emploi des médicaments préparés avec les fruits du *sorbus domestica* (sorbier domestique). *J. de chim. méd.*, t. 2, 3e série, p. 411 et suivantes.

3° Recherches chimiques sur la pomme de terre avec de nouvelles applications à l'économie domestique. Voir le certificat de M. le Maire de Châtellerault aux pièces.

4° Extraction de la matière colorante de l'œillet d'Inde. *J. de chim. méd.*, t. 11, 3e série, p. 6.

5° Expériences chimiques sur 20 espèces de lait avec M. Quevenne, pharmacien en chef à l'hôpital de la Charité de Paris. Lettre de M. Quevenne aux pièces.

6° Études pratiques sur une nouvelle fabrication de Gluten potage à 30, 40, 50 et 60 p. 0/0, au lieu de 20 et 25 p. 0/0. Amélioration des farines inférieures; à la faveur de ce nouveau Gluten panificateur baisse de prix du pain, à 2 fr. 40 les 8 kil. au lieu de 3 fr. 65 c. Attestations légalisées aux pièces.

7° Extrait du rapport de M. Lombard, inspecteur des contributions indirectes du département de la Vienne, sur les nouveaux produits œnologiques de M. Ulysse Roy.

8° Extrait du rapport de M. Bouchardat, professeur d'hygiène à la faculté de médecine de Paris et membre de l'Académie impériale de médecine de la même ville, auteur d'un travail sur les vins, etc.

Extrait des paroles du Rapporteur sur le Travail Œnologique de M. Ulysse Roy de Poitiers:

« M. Ulysse Roy de Poitiers a indiqué les meilleurs procédés chimiques à suivre pour l'amélioration des vins ; nous l'engageons donc à continuer de s'occuper de cette question importante, en opérant toujours en grand. L'avantage qu'y trouveront les propriétaires et négociants est l'augmentation de la valeur productive de leur récolte et marchandise, et par suite l'accroissement du bien-être des compatriotes de M. Ulysse Roy.

» Signé : Bouchardat, *Professeur d'hygiène à la Faculté de Médecine de Paris, Pharmacien en chef de l'Hôtel-Dieu, Chimiste, Auteur d'un ouvrage sur les Vins, Membre de la Société Centrale d'Agriculture et du Conseil d'Hygiène publique de Salubrité du département de la Seine, Membre de l'Académie impériale de Médecine de Paris*, rapporteur. »

(C)

(QUESTIONS DE CONCOURS.)

ÉTUDE CHIMIQUE DES VINS

Et des divers produits formés pendant la Vinification;

ÉTUDE DE LA FERMENTATION DU MOUT DE RAISIN

AU POINT DE VUE DES PRODUITS AUXQUELS ELLE PEUT DONNER LIEU
ET DES CAUSES QUI PEUVENT MODIFIER CES PRODUITS;

PAR ULYSSE ROY,

Pharmacien à Poitiers, membre de la Société des sciences pharmaceutiques de Paris, ex-pharmacien des hôpitaux et hospices civils de la même ville, ex-préparateur de M. Dumas, sénateur, honoré d'une remise de frais de réception de M. le Ministre de l'Instruction publique, fabricant de nouveaux produits chimiques alimentaires brevetés et couronnés de HUIT MÉDAILLES *d'or et d'argent pour la qualité de ses produits, l'importance et la remarquable installation de son usine.*

POITIERS,
IMPRIMERIE DE N. BERNARD,
Rue de la Mairie.

1856.

A M. DUMAS,

Sénateur et vice-président du Conseil impérial de l'instruction publique, membre de l'Institut, ex-ministre de l'agriculture et du commerce et Grand-Officier de la Légion-d'Honneur.

Daignez, mon très-cher maître, agréer la dédicace de ce faible travail; il remonte à sa source; c'est un ruisseau qui retourne à la mer.

J'espère que l'amitié bienveillante accueillera ce léger tribut de l'éternelle reconnaissance du plus dévoué de vos élèves.

ULYSSE ROY.

ÉTUDE CHIMIQUE DES VINS

ET DES

DIVERS PRODUITS FORMÉS PENDANT LA VINIFICATION.

L'art de faire le vin varie dans les différents vignobles; cependant, parmi les soixante-seize départements qui le produisent, nous remarquons qu'il existe un mode opératoire assez généralement adopté, et c'est celui que nous allons faire connaître.

Pour bien concevoir ce qui se passe dans la fabrication du vin, il faut savoir :

1° Ce que contient le moût de raisin, et des divers produits formés pendant la vinification;

2° Ce que fait éprouver au moût de raisin l'acte de la fermentation;

3° Ce que, après la fermentation, le moût de raisin abandonne;

4° Enfin, les produits qui se forment par la réaction des éléments du vin dans les vases où on les conserve, et des causes qui peuvent les modifier.

Le fruit du raisin est composé d'une enveloppe ou pellicule qui renferme une pulpe très-molle, riche en liquide.

La pellicule contient de la matière extractive et de la matière colorante. La pulpe est formée par un réseau celluleux, lequel contient, outre l'énorme quantité d'eau qui se forme par la majeure partie, une quantité notable d'une matière sucrée particulière, qui sert de type, et à laquelle on rapporte d'autres espèces de sucres. Cette matière sucrée est connue sous le nom de sucre de raisin. On trouve en outre, dans cette pulpe, une substance particulière à laquelle on a donné le nom de *ferment*, ou de principe fermentescible, à cause de la propriété, dont il jouit, de déterminer la décomposition de la matière sucrée, et de la transformer en *acide carbonique* et en *alcool*.

Cette pulpe renferme encore un sel particulier, le *bitartrate de potasse*, vulgairement appelé crême de tartre, et de plus une certaine quantité d'acide mucique, dans la supposition que le raisin est bien mûr; mais, si ce fruit n'a pas atteint son degré de maturation complète, le moût que l'on en retire contient, de plus que tout ce que nous avons énoncé, une quantité notable d'*acide tartrique*.

Nous avons dit que la pellicule ou l'enveloppe du grain de raisin contenait de la matière *extractive* et de la matière *colorante*. Dans le raisin blanc, la matière extractive est jaune, et dans le raisin noir elle est rouge-violacé. La matière colorante du raisin blanc prend de l'intensité de couleur par l'action des alcalis, et elle se décolore par l'action des acides en grande partie. La matière colorante du raisin noir devient brun-verdâtre par les alcalis, et prend une couleur rouge-rosée par les acides.

Nous dirons encore ce que la grappe du raisin contient, parce que celle-ci joue un rôle important dans la fabrication du vin. Celle du raisin blanc contient une portion notable de bitartrate de potasse, et une très-faible quantité d'un principe astringent qui a la plus grande analogie avec le *tannin*. La grappe de raisin noir contient aussi du bitartrate de potasse, comme celle du raisin blanc, mais elle contient, de plus que celle de ce dernier, une proportion notable de principe astringent ou de *tannin*.

Dans la préparation du vin, on commence par écraser le raisin, lorsqu'il a acquis son maximum de maturation. Par cette opération mécanique, on déchire toutes les cellules qui composent la pulpe, et le suc s'en écoule. Ce suc contient toute l'eau du raisin, sinon toute la matière sucrée, au moins la plus grande partie; il tient aussi en dissolution la presque totalité du principe fermentescible ou le ferment, ainsi que le bitartrate de potasse, l'acide malique et l'excédant d'acide tartrique libre. Si le raisin n'est pas très-mûr, on exprime immédiatement le raisin écrasé, lorsqu'on veut faire le vin blanc, et on met en tonneau le moût ou le suc du raisin qui en provient. Peu de temps après, et suivant que la saison est plus ou moins chaude, il s'y établit quelquefois, dans les douze heures, un travail particulier dont l'ensemble des phénomènes est appelé *fermentation*. Les phénomènes sont les suivants : la liqueur commence par se troubler; bientôt après on voit s'élever de son sein quelques petites bulles de gaz, dont le nombre augmente rapidement, au point de déterminer dans le liquide un mouvement que l'on compare à celui de l'ébullition. La liqueur s'échauffe, et il se rassemble à sa surface une couche plus ou moins épaisse d'une matière floconneuse grisâtre, qui est versée hors du vase, si celui-ci est plein. Ces phénomènes augmentent d'intensité jusqu'à une certaine époque qui est toujours en rapport avec la température de l'air. Puis ils diminuent graduellement, et la liqueur, de trouble qu'elle était, devient peu à peu plus claire ; et lorsque l'ébullition a complètement cessé, que le vin ne jette plus rien hors du tonneau, ce qui n'a lieu qu'au bout de quinze jours à trois semaines, on l'emplit, on bouche hermétiquement le tonneau, et on le laisse ainsi en repos pendant cinq mois ou six mois au plus, avant de lui faire subir une autre opération, celle du soutirage.

Voici ce qui s'est passé dans la série des phénomènes que nous venons de relater.

La matière sucrée du raisin et le principe fermentescible de ce même fruit, par l'effet de leur contact immédiat, ont simultanément réagi l'un sur l'autre. Le sucre a été décomposé et s'est transformé en *acide carbonique* ; et c'est au dégagement de ce gaz, au fur et à mesure qu'il se produisait, qu'est due l'effervescence ou l'espèce d'ébullition que nous avons mentionnée, et l'*alcool* qui s'est produit reste en dissolution dans la liqueur. La matière floconneuse grisâtre, qui est sortie du tonneau par l'effet de l'ébullition qui s'est manifestée dans le liquide, est due, d'une part, à une altération particulière d'une portion du principe fermentescible qu'il a éprouvé pendant la réaction qui s'est opéré entre lui et le sucre, et à une portion du principe fermentescible non altéré, parce que le raisin en contient toujours une portion plus considérable que celle qui est nécessaire pour décomposer sa matière sucrée ; et comme ce principe, qui est insoluble par lui-même dans l'eau, qui n'est dissout dans le suc de raisin qu'à la faveur de la matière sucrée, celle-ci étant décomposée, l'excédant de ce ferment se précipite d'autant plus promptement que l'alcool produit en favorise la précipitation.

Nous avons dit que, pendant la fermentation, il s'était développé dans la liqueur une température supérieure à celle de l'atmosphère ; conséquemment, si le moût de raisin n'eût pas changé de nature pendant cet acte, on ne voit pas de motif pour que le bitartrate de potasse, que le moût de raisin contenait, se précipitât, et cependant c'est ce qui a lieu. On explique aisément cette précipitation, en considérant que, bien que par l'acte de fermentation, la quantité d'eau que le moût de raisin contenait reste la même, mais que la matière sucrée, ayant changé de nature et s'étant transformée en alcool, comme celui-ci ne dissout nullement la crême de tartre ou le bitartrate de potasse par son mélange avec l'eau, il rend l'action dissolvante de celle-ci moins puissante ; de cette manière, il l'oblige à abandonner une portion du bitartrate de potasse que le moût de raisin contenait. Cette proportion sera d'autant moins considérable que le vin produit sera moins généreux, et elle sera d'autant plus grande que le raisin sera plus sucré ; conséquemment, que le produit de la fermentation de son moût sera plus spiritueux ; et c'est de la déposition plus ou moins complète de ce bitartrate de potasse que dépendra la qualité désignée dans le vin, sous le nom de *verdeur* et de *vinosité*. D'après ce que nous venons de dire, on conçoit la possibilité d'être le maître, quelle que soit la maturation du raisin, d'amener le moût de ce fruit à un état de vinosité tel que l'on sera toujours certain de lui faire déposer une proportion de bitartrate de potasse égale à celle que dépose le vin d'une bonne année ; qu'il suffira, pour atteindre ce but, d'ajouter au moût de raisin, peu riche en matière sucrée, une proportion suffisante de ce principe pour équivaloir ou même dépasser celle qui se trouve dans le moût d'un raisin d'une année favorable à la maturation ; mais ici se présente une question importante : toutes les matières sucrées ou toutes les espèces de sucres seront-elles propres à obtenir ce résultat?

Ce serait une erreur que de croire à l'affirmative : sans doute le sucre blanc pur améliorera incontestablement la vendange d'une mauvaise année, mais son prix est trop élevé pour penser à en faire usage ; et par économie on se voit forcé d'employer des cassonades ; mais, attendu que celles-ci portent toujours un goût inhérent à leur espèce, ce goût se transmet dans le vin, et dès lors, sans être gourmet, on distingue tout de suite le vin d'une mauvaise année, qui a été amélioré par ce moyen, vu qu'il a un bouquet spécial, qui est celui de la cassonade de sucre.

La matière sucrée que l'on produit en sacrifiant la fécule de pommes de terre étant exactement la même que celle qui existe dans le raisin, on a pensé que, puisqu'elle n'avait aucun goût spécial, on pourrait l'employer avec plus d'avantage que les diverses sortes de sucre à améliorer les vins d'une mauvaise vendange, et l'expérience a complètement vérifié l'opinion que l'on s'en était formée ; et depuis longtemps déjà il fut établi, soit à Paris, soit dans les pays vignobles, des fabriques de sucre de fécule dont la consommation pour l'amélioration des vins est aujourd'hui considérable, et va chaque année en augmentant.

En ajoutant ainsi de ce sucre au jus de raisin avant la fermentation, l'on peut, dans les mauvaises années, améliorer très-sensiblement la qualité du vin, et même, dans les années ordinaires, en remonter la qualité. Ce moyen est maintenant régulièrement employé chaque année dans certaines parties des pays vignobles.

On ne peut donc expliquer la précipitation du bitartrate de potasse, après la fermentation du vin, qu'en admettant, ce qui est la vérité, que l'alcool qui se produit par la fermentation rend le liquide fermenté moins propre à dissoudre le bitartrate de potasse que le moût de raisin. Cependant, le bitartrate ne se précipite pas immédiatement, l'agrégation ne s'exerce entre ses molécules que lentement, et c'est dans les six premiers mois qui suivent la fermentation que la déposition de ce bitartrate a lieu, et ce qui prouve que cette opération a lieu lentement et successivement, c'est la forme cristalline qu'il affecte ordinairement.

Pendant cette déposition du *tartre*, plusieurs corps se précipitent en même temps, tels qu'une certaine quantité de *matière fermentescible* qui y était tenue en suspension, ainsi qu'un peu de matière terreuse provenant des impuretés projetées sur le raisin par l'effet des pluies. Ce sont toutes ces matières qui constituent la lie. Aussi, pour conserver la qualité des vins, et empêcher ces matières de réagir sur lui, on est forcé de les en séparer, ce que l'on fait par l'opération du soutirage. — Si, au lieu de raisin blanc, on prend le raisin noir pour faire le vin rouge, on écrase ce fruit, et on le met avec les pellicules et la grappe, que l'on désigne sous le nom de *râfle*, dans un vase en bois connu sous le nom de cuve.

Les éléments du moût du raisin noir sont les mêmes que ceux du vin blanc, mais la pellicule de ce raisin contient une matière colorante spéciale, et la râfle ou grappe contient une substance extractive particulière et une certaine proportion d'une espèce de *tannin* ou de matière astringente.

Par l'acte de la fermentation de ce raisin noir écrasé, d'abord il se reproduit de l'alcool par la réaction que le principe fermentescible exerce sur la matière sucrée, et, comme au fur et à mesure que l'alcool se produit, celui-ci agit sur la pellicule de la matière colorante et la dissout, c'est à cette dissolution qu'est due la couleur du vin rouge. L'alcool agit en même temps sur la râfle, dissout une partie du *tannin* et de la matière extractive qu'elle contient; aussi le vin rouge, sortant de la cuve, a-t-il une âpreté et une astringence que n'a pas le vin blanc. Le vin rouge sera d'autant plus riche en couleur, et sera d'autant plus astringent, que son séjour sur la râfle aura duré plus longtemps, ou, en d'autres termes, que la fermentation sera prolongée plus loin.

Le vin rouge diffère du vin blanc, non-seulement parce qu'il contient de la matière colorante et de la matière extractive et astringente, mais encore par une certaine quantité d'*acide acétique* qui s'y est développé, pendant la fermentation, par l'effet de son contact avec l'air atmosphérique, et cette quantité d'*acide acétique* sera d'autant plus considérable que la fermentation aura duré plus longtemps ; conséquemment, que son contact avec l'air aura été plus prolongé.

Le vin rouge, comme le vin blanc, abandonne, par l'effet de l'alcool, qui s'est produit dans l'acte de fermentation, une grande portion du bitartrate de potasse que le moût de raisin contenait. Il abandonne également une *lie* composée des mêmes éléments que la lie du vin blanc, avec cette différence que celle-ci entraîne avec elle une assez forte portion de la matière colorante.

La qualité du vin rouge s'améliore, dans les mauvaises années, par l'addition d'une certaine quantité de matière sucrée.

Dans les bonnes années, nous avons dit que le moût du raisin contenait du bitartrate de potasse et une certaine quantité d'*acide tartrique* et d'*acide malique*, et que, dans les mauvaises années, le vin contenait ces mêmes substances, et en outre une proportion énorme d'*acide tartrique*; et comme l'acide tartrique est tout aussi soluble dans l'eau pure que dans l'eau alcoolisée, et même plus alcoolisée que n'est un vin généreux, on conçoit que, bien que l'on donne de la vinosité en déterminant la formation de l'alcool dans le vin par l'addition de la matière sucrée avec le moût de raisin, les vins ainsi obtenus n'en seront pas moins très-acides, bien qu'ils aient déposé dans les tonneaux le bitartrate de potasse que leur moût contenait.

Si donc on s'en tenait à la simple addition de la matière sucrée dans le moût d'une mauvaise année, on ferait un vin qui, bien que généreux, n'en serait pas moins très-acide au goût, quel que fût l'âge qu'il acquerrait. Il est donc important de le corriger de cette acidité en s'emparant d'une certaine quantité de cet excédant, et l'on parvient à ce but par deux moyens : le premier consiste, soit à ajouter au moût du raisin pendant sa fermentation, soit dans le vin, après qu'il a fermenté, une certaine quantité de potasse ou de lessive de cendres, mais dans une proportion suffisante seulement pour transformer l'acide tartrique en bitartrate de potasse, qui, en raison de son peu de solubilité dans l'eau alcoolisée, telle que le vin, se précipite peu à peu sous forme de cristaux de tartre.

Le second procédé, le plus économique, et conséquemment celui auquel on doit donner la préférence, consiste à ajouter au moût de raisin, avant sa fermentation, ou au vin, immédiatement après la fermentation, une certaine quantité d'*hydrate de chaux*. Immédiatement, il se forme du *tartrate de chaux* qui, étant insoluble, se précipite et augmente le volume des lies ; mais, soit que l'on emploie la potasse ou la lessive de cendres, il faut bien faire attention de ne pas en mettre une quantité suffisante pour saturer tout l'acide ; car les vins les plus délicats et les plus fins doivent en contenir une certaine proportion, et si l'on sature par une base quelconque l'acide que contient le meilleur vin connu, on obtient une liqueur plate, d'un goût alcoolique désagréable.

Aucun instrument ne peut faire connaître le point de saturation qu'il faut atteindre ; l'organe du goût est le seul juge que l'on doive consulter, et, pendant la saison d'une année de vendange, une personne habile peut aisément, en faisant une expérience en 20 proportions différentes, avoir, pour l'année suivante, celle qui donne le résultat le plus avantageux. — Maintenant que nous connaissons la vinification, nous savons qu'on améliore la qualité du vin rouge en s'opposant à l'acétification d'une portion de la liqueur fermentée. La conversion du vin en vinaigre a lieu, ainsi que tout le monde le sait, par l'exposition du vin au contact de l'air, et que l'acétification est d'autant plus prompte que la température est plus élevée. Or, la vendange du vin rouge mise dans la cuve est dans les conditions favorables à l'acétification, et c'est ce qui a lieu en effet. Par la fermentation, la température de la matière s'élève même à un degré très-prononcé. La râfle monte à la surface du liquide, forme une croûte que l'on appelle chapeau, qui s'élève même de plusieurs pouces audessus du niveau du liquide, et, comme ce chapeau est excessivement poreux, l'air atmosphérique y pénètre facilement, et, comme celui-ci est constamment imprégné de vin qui y monte par l'effet dit *capillarité* et de vapeurs alcooliques qui émanent de la liqueur par l'effet de l'élévation de la température, il s'y trouve à

2

chaque instant du vinaigre qui descend dans le vin : on s'assure de ce fait en mettant le nez sur une cuve. La proportion de vinaigre formée est d'autant plus grande que la fermentation dure plus longtemps; aussi les bons propriétaires, ayant observé ce fait, s'y opposent toujours avec succès en faisant fermenter la vendange à vases clos: et dans les vignobles de vins fins, aujourd'hui les cuves se ferment avec un fond sur lequel on étend avec soin une toile recouverte d'un épais paillasson.

Maintenant que les vins blancs et les vins rouges sont fabriqués et mis en cave, nous allons étudier ce qui se passe dans chacun de ces vins par leur séjour dans des tonneaux mis en cave. Nous avons vu que le vin blanc était le produit de l'expression du jus de raisin mis immédiatement après en tonneaux, que la fermentation se faisait à l'abri du contact de l'air, et que, n'ayant pu fermenter sur la grappe, il ne contenait point de principe astringent ou *tannant*, et nous avons dit que le moût de raisin contenait le principe fermentescible, qui était la matière particulière à laquelle on a donné le nom de *ferment*, qu'en outre, il contenait du bitartrate de potasse. Nous avons dit que, par la fermentation qu'il éprouvait dans le tonneau, la matière sucrée, par suite de la décomposition qu'elle subissait par l'acte de la fermentation, était transformée en acide carbonique et en alcool. Comme la matière sucrée contenue dans le moût de raisin n'est point en rapport avec le principe fermentescible et le bitartrate de potasse, il arrive l'une des trois choses qui suivent pendant le séjour du vin dans la cave.

La première, et, pour bien la comprendre, nous allons supposer la vendange d'une bonne année, dans laquelle la matière sucrée est dans une proportion telle que le moût de raisin sera transformée en vin généreux ; dans ce cas, la portion d'alcool produite sera suffisante pour que le vin ne puisse tenir en dissolution l'excédant des ferments que le moût de raisin contenait avant sa fermentation. Dès lors, la liqueur alcoolique laisse précipiter cet excédent de ferment, et c'est lui qui constitue en partie la lie qui se dépose au fond des tonneaux ; mais en même temps, comme le bitartrate de potasse que ce moût de raisin contenait en dissolution est moins soluble dans le moût fermenté, à cause de l'alcool qui s'est produit peu à peu, la force d'agrégation s'exerce entre ses molécules, et il se produit et se dépose sous forme de cristaux plus ou moins gros. Mais comme ces substances, si on les laissait au fond des vases qui renferment le vin, détermineraient une réaction dans les éléments du vin confectionné, et produiraient l'acétification du principe alcoolique, l'expérience a prouvé qu'il fallait les en séparer, et c'est ce que l'on fait au printemps qui a suivi la vendange, par le soutirage, qui consiste à décanter la portion claire du vin, et à la séparer de la matière boueuse qui s'est déposé au fond du tonneau, et qui consiste, en majeure partie, en bitartrate de potasse, en matière végéto-animale ou ferment, et quelques matières étrangères au raisin. Mais, bien que le soutirage ne s'exécute que six ou sept mois après la fabrication du vin, tout le bitartrate de potasse qu'il doit déposer, pour arriver au point d'être un vin agréable et fait, ne l'est pas dans cet espace de temps : il s'en dépose de nouvelles quantités par le repos, et ce n'est guère qu'au bout de la deuxième année qu'il a déposé tout ou à peu près ce qu'il doit abandonner, et c'est ce que l'on observe après le second soutirage du vin par la quantité de cristaux brillants que l'on trouve au fond des tonneaux ; c'est ce que l'on voit encore plus aisément, si le vin est mis en bouteille encore trop jeune. On trouve, au fond de chaque bouteille, des cristaux brillants, durs, et que l'on désigne vulairement sous le nom de *sable*.

Pendant la maturation, attendu que pendant sa fermentation il ne s'est point produit d'*acide acétique*, il ne se forme point d'*éther acétique*, éther qui donne le goût spécial aux vins; mais, si le vin n'a pas été soigné dans les tonneaux, si on n'a pas procédé à leur remplissage à chaque mois, alors, en raison du peu d'air qui remplit le vide du tonneau par l'effet de l'évaporation du liquide, il se produit une petite quantité d'*acide acétique*, et de là résulte la formation d'une certaine quantité d'éther, dont le goût indique la maturation du vin.

Si nous supposons maintenant une mauvaise année, celle où la maturation du raisin n'a pas été constatée, dès lors le moût, que l'on extraira de ce raisin, contiendra une proportion considérable de bitartrate de potasse, avec une quantité notable d'*acide* tartrique libre, et une quantité de ferment qui sera proportionnée à la quantité de matière sucrée. La fermentation de ce moût sera lente et ne produira pas d'*alcool*; dès lors il se précipitera peu de bitartrate de potasse pendant son séjour dans les tonneaux, le vin sera acerbe par l'effet du bitartrate de potasse, il sera en même temps plus ou moins acide à cause de la quantité d'acide tartrique libre qu'il contenait, et que la vétusté ne lui fera que très-peu déposer : ainsi le vin sera toujours, sinon de mauvaise qualité, tout au moins de qualité très-médiocre.

On a à sa disposition des moyens pour, dans une semblable circonstance, faire sinon du vin parfait, au moins du vin généreux, en ajoutant au moût de raisin que l'on met à fermenter une certaine quantité de matière sucrée. Comme par l'addition de celle-ci il se produira plus d'*alcool*, le vin déposera, jusqu'à l'époque de son soutirage, la plus grande partie du bitartrate de potasse qu'il contenait, et il perdra son goût acerbe ; mais, comme l'*acide tartrique* est très-soluble dans l'eau alcoolisée, le vin tiendra tout ce que le moût en contenait ; et, quoique généreux, il sera trop acide, et aura le goût que l'on désigne par le goût de *verdeur*, et se conservera à toutes les périodes de son âge. Le seul moyen de corriger ce défaut est de s'emparer de ce trop grand excès d'acide, soit en formant une combinaison saline neutre, presque insipide, quoique restant en dissolution dans le vin, ou, ce qui est préférable, en formant une combinaison saline neutre, insoluble, et qui, par cette raison, se dépose au fond du tonneau en se mélangeant avec le bitartrate de potasse. Nous ferons connaître les moyens que nous venons d'indiquer, quand nous traiterons de la partie de la bonification des vins, ou de l'art de les vieillir.

Si maintenant nous employons un raisin beaucoup trop riche en matière sucrée, comme en même temps la proportion de ferment sera également considérable, le moût de raisin qui en proviendra éprouvera la marche d'une bonne fermentation; mais lorsqu'il y aura une certaine quantité d'*alcool* de produite, celui-ci sera un principe conservateur pour une portion des matières sucrées et des matières fermentescibles qui resteront en dissolution à la faveur l'une de l'autre dans le vin. Un vin de cette nature déposera, par son séjour dans le tonneau, la portion de bitartrate de potasse qu'il veut abandonner, et ce vin conservera toujours, bien que trés-généreux, une saveur sensiblement sucrée; mais la matière végéto-animale, ou le ferment qu'il contient aussi, réagit insensiblement sur elle-même, et se transforme en matière muqueuse ou gluante qui reste en dissolution dans le vin, et lui donne cette propriété visqueuse qui le fait *filer*. On ne peut s'opposer à ce désagrément du vin qu'en le déposant, et en rendant insoluble cette matière visqueuse, ce à quoi l'on parvient trés-facilement, en ajoutant à ce vin une certaine quantité de principe *astringent* ou *tannant;* et comme cette maladie affecte principalement les vins de Champagne, on a recherché, à prix d'argent, les moyens de corriger ce défaut, et le raisonnement a conduit a employer, pour atteindre ce but, l'addition d'une certaine quantité de *tannin;* mais il faut que ce tannin ne soit mélangé avec aucun autre principe végétal, et surtout de principe aromatique. La *noix de galle*, *l'écorce de chêne* rendent bien à ces vins leur première fluidité, mais ils lui communiquent un goût désagréable. L'expérience a pleinement confirmé ce que la théorie avait indiqué, et aujourd'hui cette maladie n'effraie plus les propriétaires, car ils sont maîtres de la détruire complètement dans l'espace de quarante-huit heures, en employant une solution de *tannin* pur, seulement il faut être très-modéré dans son emploi ; car, si l'on en mettait un excès, on communiquerait au vin une âpreté et une astringence désagréables.

Les vins rouges ne sont pas sujets à cette maladie du vin blanc; comme ils fermentent plus ou moins longtemps avec la râfle du raisin, que celle-ci contient toujours du *tannin*, ce tannin précipite l'excès de matière *végéto-animale* ou ferment que le moût contenait, et la combinaison qui en résulte se retrouve dans les lies.

Le vin rouge, fait avec le moût de raisin d'une bonne année, se comporte dans les caves exactement comme le vin blanc, et cette action ne diffère qu'en ce que la combinaison du tannin et de la matière végéto-animale en se déposant entraîne avec elle une quantité considérable de matière colorante; aussi les lies de ces vins sont-elles d'un brun violacé foncé. D'ailleurs, comme le vin blanc, ils déposent du bitartrate de potasse; mais, ainsi que nous l'avons dit, les vins rouge, au sortir de la cuve, contiennent déjà une certaine quantité d'*acide acétique*. Cet acide se combine incessamment avec une certaine quantité de son alcool pour former de l'*éther acétique*, et c'est cet éther qui donne au vin le goût particulier aux vins vieux; et comme sa quantité augmente d'une certaine proportion chaque année, on juge l'âge du vin sur l'intensité du goût éthéré. L'art peut facilement produire ce goût dans les jeunes vins; mais ce serait un contre-sens, si l'on accompagnait ce goût de vieux de la désacidification proportionnée de ces mêmes vins; car, ainsi que nous l'avons dit, toujours et pendant plusieurs années, le bitartrate de potasse se dépose, et, lorsqu'il est arrivé au point de ne plus en abandonner, il est arrivé au complément de sa qualité.

Si nous supposons maintenant un vin rouge fabriqué avec une vendange qui n'aura pas atteint le point convenable de maturité, ce vin contiendra, ainsi que le vin blanc d'une semblable année, une proportion de bitartrate plus considérable, et contiendra en outre une proportion assez forte d'*acide tartrique*. Un vin de cette espèce, ayant été produit par un moût peu sucré, il s'y produira peu d'alcool; la première conséquence en sera qu'il sera beaucoup moins généreux, qu'il précipitera en second lieu moins de bitartrate de potasse; et la seconde conséquence sera qu'il sera plus âgé et acerbe, et, en outre, il sera plus acide. On corrigera ce vin sous le rapport de la vinosité et sous celui de son âpreté et de sa saveur acerbe, par l'addition d'une certaine quantité de matière sucrée au moût de raisin; mais ce vin sera toujours acide au aigrelet, à cause de l'acide tartrique libre qu'il contiendra toujours, puisque cet acide est solube dans l'eau, quelque alcoolisée qu'elle soit; on ne pourra donc le corriger de ce défaut qu'en neutralisant une portion convenable de cet acide, et en formant, comme pour le vin blanc, une combinaison saline insoluble.

Quant à l'âge, puisque nous avons dit que le goût du vin dépendait de la formation de l'*éther acétique*, on le lui communique par l'addition d'une certaine quantité de cet éther. Cependant, nous devons ajouter que tous les défauts dont nous venons de parler étant corrigés, il est encore une chose importante à faire. Tous les vins en vieillissant perdent de leur couleur; il est donc important, suivant l'âge que l'on veut donner à un vin, de le dépouiller d'une certaine portion de sa matière colorante, et c'est à quoi l'on parvient toujours facilement par le collage.

De tous les collages, le meilleur, sans contredit, est celui que l'on fait avec l'albumine de l'œuf; mais, attendu que le jaune est formé en grande partie d'albumine et d'une certaine quantité de matière colorante jaune et grasse, on ne doit l'employer que dans le cas où il s'agit d'enlever une grande quantité de matière colorante au vin. Aussi pour les vins faibles en couleur, il ne faudra employer que le blanc d'œuf; mais, pour les vins fortement colorés, il faut employer le blanc et le jaune, et, à ce sujet, je dirai qu'un jaune d'œuf enlève plus de couleur au vin que deux blancs. Il suit de ce qui précède que le nombre d'œufs nécessaire pour coller une pièce de vin doit varier pour chaque espèce. Ordinairement deux blancs d'œufs suffisent pour une feuillette de vin blanc. Les vins d'Orléans et du Gâtinais exigent le blanc et le jaune de quatre œufs, et il est des vins, tels que ceux de Tours, pour lesquels il faut employer les blancs et les jaunes de huit à dix œufs.

L'albumine, dans le collage, a pour but, en vertu

de la propriété dont elle jouit, d'être coagulée par les liqueurs spiritueuses, d'être précipitée par le vin, de former une sorte de réseau qui, se précipitant lentement au fond des tonneaux, entraîne avec lui tous les corpuscules floconneux qui étaient suspendus dans le vin et qui le rendaient louche ou terne; et, en outre, comme elle a beaucoup d'affinité pour les matières colorantes, elle attire la matière colorante du vin, la fixe en se combinant intimement avec elle, et conséquemment l'entraîne au fond du tonneau.

De ce qui précède, on conçoit qu'un collage sera d'autant mieux exécuté, et qu'un vin collé deviendra d'autant plus clair, que le mélange de l'albumine avec le vin sera plus homogène; ainsi, pour bien coller un vin, soit que l'on emploie le blanc d'œuf seul, soit que l'on emploie le blanc et le jaune réunis, on s'y prendra de la manière suivante : Supposons une pièce de vin à coller; on en soutire la valeur de six litres, on casse le nombre d'œufs que l'on veut employer dans un vase; on verse dessus la valeur depuis une demi-bouteille jusquà une bouteille d'eau, selon la contenance de la pièce, et on les divise à l'aide d'une forte agitation. Le meilleur moyen est de les battre avec un fouet en osier; puis à l'aide d'un entonnoir, on les verse dans le tonneau; on bondonne celui-ci, on l'agite en le roulant rapidement, ou mieux en le secouant, et lui faisant faire sur le chantier un mouvement du quart de sa circonférence : ramené en place, on le débondonne et on le remplit avec une portion du vin qu'on en avait soutiré Un vin n'est bien collé et n'est bien diaphane qu'après au moins six jours sur colle; un plus long séjour ne le gâte point, mais il est bon de savoir que, plus il séjourne sur la colle, plus il se dépouille de matière colorante.

Plusieurs autres matières animales peuvent servir à coller le vin : tels sont le lait et le sang des animaux; et la fameuse poudre de Julien, n'est autre chose que du sang des boucheries qui a été privé de fibrine par l'agitation, puis qui a été desséché le plus rapidement possible et sans feu, au contact de l'air, et que l'on réduit ensuite en poudre. Pour employer cette poudre de Julien, ou ce sang désséché, on la met dans un verre d'eau, douze heures avant de coller le vin, et on l'agite de temps en temps; elle se dissout dans l'eau, et c'est le liquide qui en résulte que l'on verse dans le tonneau. Mais, comme le sang desséché acquiert une odeur assez désagréable, M. Julien la masque en la mélangeant avec une certaine quantité de poudre de racine d'iris, ce qui a l'avantage de communiquer au vin un léger parfum de violette, goût qui est surtout recherché dans les vins de Bordeaux : et, en passant, nous dirons que le parfum de violette que l'on trouve dans le bordeaux n'est point naturel à ce vin; car l'on sait positivement que les marchands de ces contrées mettent dans chaque pièce de vin quelques fragments de racine d'iris, et très-souvent, pour ne pas dire toujours, on trouve au fond des tonneaux qui sont expédiés de Bordeaux deux ou trois fragments de matière solide, brunâtre, qui ne sont autre chose que de la racine d'iris, sur laquelle s'est fixée une portion de la matière colorante du vin.

» D'après ce qui précède, nous savons ce qu'est le » *moût de raisin*, ce qu'il éprouve pendant la *fermen-* » *tation*, la réaction qui se produit dans ses éléments » par la fermentation, et enfin ce qu'il s'en dépose par » son séjour dans les tonneaux, et les combinaisons » nouvelles qui s'y forment avec le temps; et, de ces » connaissances, nous sommes arrivés à produire tous » ces phénomènes en quelques instants. Mais il est une » chose qui jusqu'à présent a échappé aux recherches, » et que l'on ne peut imiter, mais dont on peut s'ap- » procher plus ou moins, c'est le principe aromatique » de chaque espèce de vin, et que l'on nomme *bouquet.* »

Le bouquet du vin est-il le résultat de la formation d'une substance provenant de la réaction qui s'exerce entre les éléments du moût du raisin? C'est l'opinion de quelques amateurs; mais je ne la partage point; car, s'il en était ainsi, en fabriquant tous les vins de la même manière et sous les mêmes influences, le même bouquet existerait pour tous, et l'expérience prouve le contraire. Je pense que le bouquet est une modification apportée par l'acte de la fermentation dans le parfum particulier, non-seulement à chaque espèce de raisin, mais encore selon le sol qui a produit ce raisin.

Les personnes les plus sensibles au parfum, et celles qui ont fait une étude particulière de celui des bons vins, le comparent à un mélange de trois odeurs, celle de la *giroflée*, du *réséda* et de la *framboise*; et, en effet, avec les alcoolats ou les esprits aromatiques de ces substances, lorsqu'elles sont additionnées au vin dans certaines proportions et avec ménagement, on communique au vin un bouquet particulier et spécial qui se rapproche de celui des meilleurs vins de Bourgogne et de Bordeaux ; et, lorsqu'ils sont employés avec prudence, et surtout lorsqu'ils se sont fondus avec le vin, ce qui a lieu après quelques temps de mélange, les meilleurs dégustateurs ne peuvent plus les caractériser.

Poitiers. — Imprimerie de N. Bernard.

www.ingramcontent.com/pod-product-compliance
Ingram Content Group UK Ltd.
Pitfield, Milton Keynes, MK11 3LW, UK
UKHW020531180726
13839UKWH00005B/2437

9 782329 358635